电力建设施工安全管理标准化手册

配电部分

国网江苏省电力公司南京供电公司

江苏宁供集体资产运营中心　组编

南京苏逸实业有限公司

U0246695

中国电力出版社

CHINA ELECTRIC POWER PRESS

内 容 提 要

本书依据《国家电网公司电力安全工作规程（配电部分）（试行）》，结合电力施工企业的施工类型及可能存在的安全风险编写而成。

本书图文并茂，易于理解，便于读者学习掌握。主要内容包含配电施工作业中的通用安全管理要求，一般安全措施及工器具使用安全措施，保证安全的组织措施，保证安全的技术措施，以及动火作业、高处作业、起重与运输作业安全，带电作业，配电设备工作，低压电气工作，电力电缆工作，高压试验和测量工作，分布式电源，二次系统工作，施工作业要求。

本书主要面向配电工作的生产人员及安全管理人员，可作为施工管理人员及一线施工人员的培训教材和学习参考书。

图书在版编目（CIP）数据

电力建设施工安全管理标准化手册. 配电部分/国网江苏省电力公司南京供电公司，江苏宁供集体资产运营中心，南京苏逸实业有限公司编. —北京：中国电力出版社，2016.3
（2022.9 重印）
 ISBN 978-7-5123-8934-2

Ⅰ.①电… Ⅱ.①国…②江…③南… Ⅲ.①电力工程-工程施工-安全管理-标准化管理-手册②配电系统-电力工程-工程施工-安全管理-标准化管理-手册 Ⅳ.①TM08-65

中国版本图书馆 CIP 数据核字（2016）第 033381 号

中国电力出版社出版、发行
（北京市东城区北京站西街 19 号 100005 http://www.cepp.sgcc.com.cn）
三河市万龙印装有限公司印刷
各地新华书店经售

*

2016 年 3 月第一版 2022 年 9 月北京第三次印刷
710 毫米×980 毫米 16 开本 8 印张 139 千字
印数 4501—5000 册 定价 48.00 元

编　委　会

前　言

　　为进一步提升电力施工企业施工安全管理水平，提升项目负责人及施工人员安全意识与业务技能，查纠施工违章现象，保障施工安全，国网江苏省电力公司南京供电公司、江苏宁供集体资产运营中心、南京苏逸实业有限公司在 2013 年编制《电力建设施工安全管理标准化手册（线路部分）》《电力建设施工安全管理标准化手册（变电部分）》的基础上，组织相关人员依据《国家电网公司电力安全工作规程（配电部分）（试行）》，结合电力施工企业的施工类型及可能存在的安全风险，编制了《电力建设施工安全管理标准化手册（配电部分）》。在编制过程中，充分考虑各类配网施工项目的作业类型、作业风险及施工人员的安全技能情况，按照施工流程，做到图文并茂，易于施工管理人员及一线施工人员学习掌握。

　　在本书的出版过程中，苏州中能企业管理咨询有限公司提供了专业的支持与帮助，在此向其致以衷心的感谢！

　　本书可作为电力施工企业培训学习参考使用，其中涉及的图片、文字、标准如有异议，以《国家电网公司电力安全工作规程》为准，本书最终解释权归属国网江苏省电力公司南京供电公司、江苏宁供集体资产运营中心和南京苏逸实业有限公司所有。

　　由于时间仓促，在编写过程中难免存在疏漏，恳请广大读者批评指正，不胜感谢！

编　者

2015.11

目　录

第十五章 施工作业要求

第一章 》
通用安全管理要求

安全帽 >>

◇安全帽使用前应检查帽壳、帽衬、帽箍、顶衬、下颚带等附件完好无损。 使用时，应将下颚带系好（见图 1-1）。

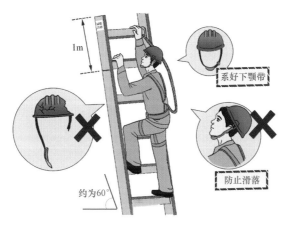

图 1-1 安全帽佩戴示意图

脚扣与登高板 >>

◇金属部分和绳（带）损伤的脚扣与登高板（见图 1-2）禁止使用。 特殊天气使用脚扣与登高板时应采取防滑措施。

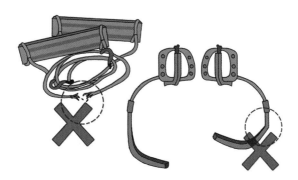

图 1-2 损伤的脚扣与登高板

3

安全带 》》

◇ 腰带和保险带、绳应有足够的机械强度，材质应有耐磨性，卡环（钩）应具有保险装置，操作应灵活。保险带、绳使用长度在 3m 以上的应加缓冲器。

◇ 安全带和专作固定安全带的绳索在使用前应进行外观检查。安全带应按《国家电网公司电力安全工作规程》（简称《安规》）要求定期抽查检验，不合格的不准使用。

◇ 在电焊作业或其他有火花熔融源等场所使用的安全带或安全绳应有隔热防磨套。

◇ 安全带的挂钩或绳子应挂在结实牢固的构件（专为挂安全带用的钢丝）上，并应采用高挂低用的方式（见图 1-3）。

图 1-3　安全带低挂高用错误用法示意图

2.　作业现场基本条件

◇ 作业现场的生产条件和安全设施等应符合有关标准、规范的要求，工作人员的劳动防护用品应合格、齐备并摆放正确（见图 1-4）。

◇ 经常有人工作的场所及施工车辆上应配备急救箱（见图 1-5），存放急救用品，急救箱内急救用品的配置不得少于表 1-1 中的品种和数量，并应指定专人经常检查、补充或更换。

图 1-4　劳动防护用品摆放示意图

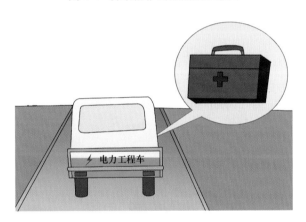

图 1-5　施工车辆配置急救箱

表 1-1　　　　　　　　急救箱内急救用品配置的最少品种和数量

名称	单位	数量	名称	单位	数量
阿莫西林	盒	2	红药水	瓶	1
维 C 银翘片	盒	2	麝香追风膏	盒	1
去痛片	盒	1	创可贴	包	2
加合百服宁	盒	1	碘酒	瓶	1
诺氟沙星胶囊	板	2	体温表	支	1
易蒙停	盒	1	棉签	包	1
季德胜蛇药	盒	1	绷带	卷	1
跌打万花油	盒	1	药箱	只	1

3. 作业人员基本条件

◇ 经医师鉴定，作业人员应无妨碍工作的病症（体格检查每两年至少一次）（见图 1-6）。

◇ 作业人员应具备必需的电气知识和业务技能，且按工作性质，熟悉《安规》配电部分的相关部分，并经考试合格。

◇ 作业人员应具备必要的安全生产知识，学会紧急救护法，特别要学会触电急救。

图 1-6　作业人员体格检查

4. 教育与培训

◇ 各类作业人员应接受相应的安全生产教育和岗位技能培训，经考试合格方可上岗（见图 1-7）。

◇ 作业人员对《安规》配电部分应每年考试一次。因故间断电气工作连续三个月以上者，应重新学习《安规》，并经考试合格后，方能恢复工作。

◇ 新参加电气工作的人员、实习人员和临时参加劳动的人员（管理人员、非全日制用工等），应经过安全知识教育后，方可下现场参加指定的工作，并且不得单独工作。

◇ 外单位承担或外来人员参与公司系统电气工作的人员应熟悉《安规》配电部

分，并经考试合格，经设备运行管理单位认可后，方可参加工作。 工作前，设备运行管理单位应告知现场电气设备接线情况、危险点和安全注意事项。

图 1-7　作业人员培训考试示意图

第二章
一般安全措施及工器具
使用安全

1. 一般注意事项

◇ 任何人进入作业现场，应正确佩戴安全帽。

◇ 在楼板和结构上打孔或在规定地点以外安装起重滑车或堆放重物等，应事先经过本单位有关技术部门的审核许可。规定放置重物及安装滑车的地点应标以明显的标记（标出界限和荷重限度）。

◇ 因配电工作需进入变电站（生产厂房）内外工作场所的井、坑、孔、洞或沟道，应覆以与地面齐平而坚固的盖板。在检修工作中如需将盖板取下，应设临时护栏。临时打的孔、洞，施工结束后，应恢复原状（见图 2-1）。

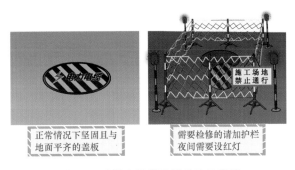

正常情况下坚固且与地面平齐的盖板

需要检修的请加护栏夜间需要设红灯

图 2-1　孔洞应设置护栏保护示意图

◇ 所有吊物孔、没有盖板的孔洞、楼梯和平台的临时安全栏杆的设置，应按图 2-2 所示距离设置。

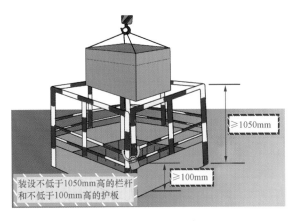

装设不低于1050mm高的栏杆和不低于100mm高的护板

≥1050mm

≥100mm

图 2-2　临时遮栏示意图

◆ 在进入开闭所、环网柜等配电施工现场的电缆孔洞，应用防火材料严密封堵（见图 2-3）。

防火阻燃涂层
厚度≥1mm
长度≥1m

电缆施工完成后应将穿越过的孔洞进行封堵，以达到防水、防火和防小动物的要求

图 2-3　电缆施工后孔洞封堵示意图

◆ 带电设备周围禁止使用带有金属属性的各类尺子进行测量工作（见图 2-4），在配电站的带电区域内或临近带电线路处，禁止使用金属梯子。

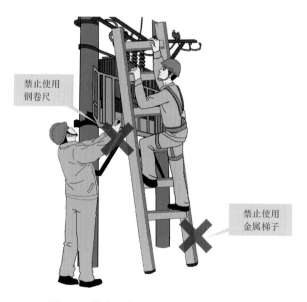

禁止使用
钢卷尺

禁止使用
金属梯子

图 2-4　带电设备周围禁止使用金属物件

2. 设备的维护

◆ 机器的转动部分应装有防护罩或其他防护设备（如栅栏），露出的轴端应设有护盖，以防绞卷衣服。禁止在机器转动时取下防护罩或其他防护设备（见图2-5）。

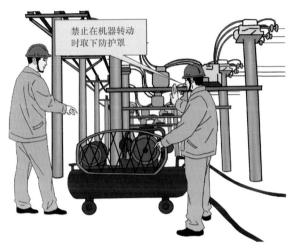

图 2-5　转动机器不正确操作示意图

3. 电气安全注意事项

◆ 配电箱、开关箱的电源进线端严禁采用插头和插座做活动连接。移动式配电箱、开关箱的进、出线应采用橡皮护套绝缘电缆，不得有接头。检修动力电源箱的支路开关都应加装剩余电流动作保护器（统称漏电保护器），并应定期检查和试验（见图2-6）。

◆ 所有电气设备的金属外壳均应有良好的接地装置。使用中不准将接地装置拆除或对其进行任何工作。

◆ 手持电动工器具如有绝缘损坏、电源线护套破裂、保护线脱落、插头插座裂开或有损于安全的机械损伤等故障时，应立即进行修理，在未修复前，不得继续使用。

◆ 工作场所的照明应该保证足够的亮度。现场的临时照明线路应相对固定，并经常检查、维护。照明灯具的悬挂高度应不低于2.5m，并不得任意挪动，低于2.5m时应设保护罩。

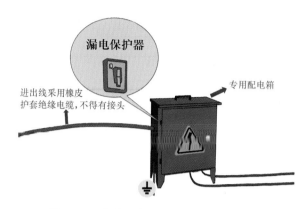

图 2-6 配电箱进出线及漏电保护器示意图

进出线采用橡皮护套绝缘电缆,不得有接头

漏电保护器

专用配电箱

4. 一般工具使用安全

◇ 大锤和手锤的锤头应完整,其表面应光滑微凸,不准有歪斜、缺口、凹入及裂纹等情形。 大锤及手锤的柄应用整根的硬木制成,不准用大木料劈开制作,也不能用其他材料替代,应装得十分牢固,并将头部用楔栓固定。 锤把上不可有油污。 不准戴手套或用单手抡大锤,周围不准有人靠近(见图 2-7)。

◇ 用凿子凿坚硬或脆性物体时(生铁、生铜、水泥等),应戴防护眼镜,必要时装设安全遮栏,以防碎片打伤旁人。 凿子被锤击部分有伤痕不平整、沾有油污等,不准使用。

图 2-7 不正确使用大锤示意图

◇ 锉刀、手锯、木钻、螺丝刀等的手柄应安装牢固，没有手柄的不准使用。

5. 电动工具和用具使用安全

◇ 电动工具和用具应由专人保管，每6个月应进行定期检查。使用前应检查电线是否完好，有无接地线，不合格的禁止使用（见图2-8）；使用前应按有关规定接好漏电保护器和接地线；使用中发生故障，应立即修复。

图 2-8　电动工具和用具检查示意图

◇ 使用金属外壳的电动工具时应戴绝缘手套。

◇ 使用电动工具时，不准提着电动工具的导线或转动部分（见图2-9）。在梯子上使用电动工具，应做好防止感电坠落的安全措施。在使用电动工具的工作中，因故离开工作场所或暂时停止工作以及遇到临时停电时，应立即切断电源。

◇ 电动工具和用具的电线不准接触热体，不要放在湿地上，并避免载重车辆和重物压在电线上。

◇ 移动式电动机械和手持电动工具的电源线应按规定使用三芯、四芯或五芯软橡胶电缆；连接电动机械及电动工具的电气回路应单独设开关或插座，并装设漏电保护器，金属外壳应接地；电动工具应做到"一机一闸一保护"（见图2-10）。

◇ 在潮湿或含有酸类的场地上以及在金属容器内应使用24V及以下电动工具，否则应使用带绝缘外壳的工具，并装设额定动作电流不大于10mA、一般型（无延时）的漏电保护器，且应设专人不间断地监护。漏电保护器、电源连接器和控制箱等应放在容器外面。电动工具的开关应设在监护人伸手可及的地方。

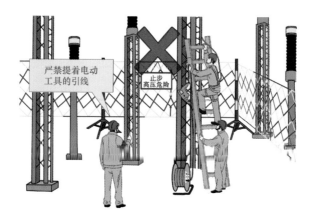

图 2-9　不正确携带电动工具示意图

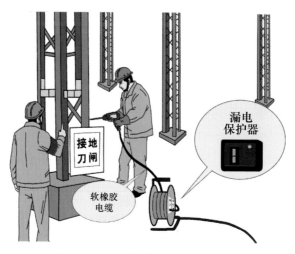

图 2-10　移动式电动工具使用示意图

6. 空气压缩泵与风动工具使用安全

◆空气压缩机应保持润滑良好，压力表准确（应按规定定期检验），自动启、停装置灵敏，安全阀可靠，并应由专人维护；压力表、安全阀、调节器及储气罐等应定期进行校验和检验。

◆输气管应避免急弯。打开进风阀前，应事先通知作业地点的有关人员。出气口处不得有人工作（见图 2-11），储气罐放置地点应通风，且禁止日光暴晒或高温烘烤。

图 2-11　打开进风阀人员不正确站立位置示意图

◇风动工具的锤子、钻头等工作部件，应安装牢固，工作部件停止转动前不准拆换。

◇风动工具的软管应和工具连接牢固。连接前应把软管吹净。只有在停止送风时才可拆装软管。

7. 潜水泵使用安全

潜水泵使用要求见图 2-12。

潜水泵应重点检查下列项目且应符合要求：
1）外壳不准有裂缝、破损。
2）电源开关动作应正常、灵活。
3）机械防护装置应完好。
4）电气保护装置应良好。
5）校对电源的相位，通电检查空载运转，防止反转。

潜水泵工作时，泵的周围30m以内水面禁止有人进入

图 2-12　潜水泵使用注意事项示意图

8. 绞磨机与卷扬机作业安全

◇绞磨机应放置平稳，锚固可靠，受力前方不准有人，锚固绳应有防滑动措施，必要时宜搭工作棚，操作位置应有良好的视野（见图2-13）。

◇绞磨机作业卷筒及牵引绳按图2-14所示规范操作。

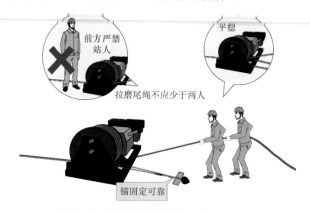

图2-13　绞磨机作业前准备事项示意图

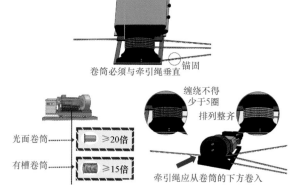

图2-14　绞磨机作业卷筒及牵引绳使用要求示意图

◇作业前应进行检查和试车，确认绞磨机设置稳固，防护措施、电气绝缘、离合器、制动装置、保险棘轮、导向滑轮、索具合格后方可使用。

◇拉磨尾绳操作规范见图2-15。绞磨受力时不准用拉尾绳卸荷。

◇作业时禁止事项见图2-16。

◇吊起的重物必须在空中短时间停留，应用棘爪锁住。

拉磨尾绳不应少于两人

作业人员应位于锚桩后面，
绳圈外侧，不得站在绳圈内

绞磨机锚固应
有防滑动措施

图 2-15　绞磨机作业拉磨尾绳操作要求示意图

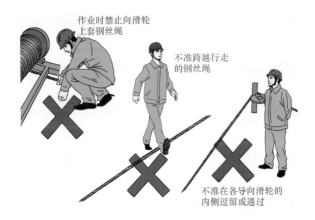

作业时禁止向滑轮
上套钢丝绳

不准跨越行走
的钢丝绳

不准在各导向滑轮的
内侧逗留或通过

图 2-16　绞磨机作业时禁止事项示意图

◆ 拖拉机绞磨两轮胎应在同一水平面上，前后支架应受力平衡，绞磨机卷筒应与牵引绳的最近转向点保持 5m 以上的距离（见图 2-17）。

作业前进行安全检查

最近
转向点

5m

两轮胎在同一平面上

图 2-17　绞磨机作业时注意事项示意图

9. 电缆井盖的安全铺设

1）电缆井盖的铺设应保持与电缆沟平整和牢固；

2）电缆井盖应注明运行单位和设备编号；

3）电缆井盖铺设现场应加安全护栏。

10. 施工临时电源

◇ 施工用电设施的安装、维护应由取得合格证的电工担任，严禁私拉乱接。

◇ 低压施工用电线路的架设应遵守下列规定：

1）采用绝缘导线；

2）架设可靠，绝缘良好；

3）架设高度不低于 2.5m，交通要道及车辆通行处不低于 5m。

◇ 开关负荷侧的首端处必须安装漏电保护装置。

◇ 熔丝的规格应按设备容量选用，且不得用其他金属线代替。

◇ 熔丝熔断后，必须查明原因、排除故障后方可更换；更换好熔丝、装好保护罩后方可送电。

◇ 电气设备及照明设备拆除后，不得留有可能带电的部分。

◇ 危险品仓库的照明应使用防爆型灯具，开关必须装在室外。

11. 应急照明

1）施工现场应配备移动的发电设备；

2）施工现场应配备手电筒或其他移动照明设备，移动照明工具的亮度应符合施工现场和范围的照明要求。

第三章 »
保证安全的组织措施

1. 现场勘察制度

◇ 配电检修（施工）作业和用户工程，设备上的工作，工作票签发人或工作负责人认为必须现场勘察的检修作业，应根据工作任务组织现场勘察，并填写现场勘察记录（见图 3-1）。

图 3-1 配电施工作业现场勘察示意图

◇ 现场勘察应由工作票签发人或工作负责人组织，工作负责人、设备运维管理单位（用户单位）和检修（施工）单位相关人员参加。对涉及多专业、多部门、多单位的作业项目，应由项目主管部门、单位组织相关人员共同参与。

◇ 现场勘察后，现场勘察记录应送交工作票签发人、工作负责人及相关各方，作为填写、签发工作票等的依据。

2. 工作票制度

◇ 配电工作，需要将高压线路、设备停电或做安全措施的，填用配电第一种工作票。

◇ 高压配电（含相关场所及二次系统）工作，与邻近带电高压线路或设备大于表 3-1 的规定，不需要将高压线路、设备停电或做安全措施者，填用配电第二种工作票。

表 3-1	高压线路、设备不停电时的安全距离		
电压等级(kV)	最小安全距离(m)	电压等级(kV)	最小安全距离(m)
10 及以下	0.7	1000	9.5
20、35	1.0	±50	1.5
66、100	1.5	±400	7.2
220	3.0	±500	6.8
330	4.0	±660	9.0
500	5.0	±800	10.1
750	8.0		

◇ 高压配电带电作业、与邻近带电高压线路或设备的距离大于表 3-2、小于表 3-1 规定的不停电作业需填写配电带电作业工作票。

表 3-2	带电作业时人身与带电体的安全距离						
电压等级(kV)	10	20	35	66	110	220	330
安全距离(m)	0.4	0.5	0.6	0.7	1.0	1.8 (1.6)	2.6
电压等级(kV)	500	750	1000	±400	±500	±660	±800
安全距离(m)	3.4 (3.2)	5.2 (5.6)	6.8 (6.0)	3.8	3.4	4.5	6.8

◇ 低压配电工作，不需要将高压线路、设备停电或做安全措施的，填写低压配电工作票。

◇ 配电线路、设备故障紧急处理应填写配电故障紧急抢修单。

需填写工作票的种类参见图 3-2。

图 3-2　填用配电工作票示意图

◇ 下列工作，可使用其他书面记录或按口头、电话命令执行（见图 3-3），但需要做好工作记录。

a. 测量接地电阻。

b. 砍剪树木。

准备工器具

修树枝

勘察

图 3-3　按口头或电话命令执行的工作类型示意图

　　c. 杆塔底部和基础等地面检查、消缺。

　　d. 涂写杆塔号、安装标志牌等工作地点在杆塔最下层导线以下，并能够保持表 3-1 规定的安全距离的工作。

　　e. 接户、进户计量装置上的不停电工作。

　　f. 单一电源低压分支线的停电工作。

　　g. 不需要高压线路、设备停电或做安全措施的配电运维一体工作。

　　◇ 工作票的填写与签发。　工作票由工作负责人填写，也可由工作票签发人填写，一张工作票中，工作票签发人、工作许可人和工作负责人三者不得为同一人。

　　◇ 工作票、故障紧急抢修单至少一式两份，手写或电脑生成打印的工作票票面上的时间、工作地点、线路名称、设备双重名称（即设备名称和编号）、动词等关键字不得涂改（见图 3-4）。

　　◇ 由工作班组现场操作时，若不填写操作票，应将设备的双重名称，线路的名称、杆号、位置及操作内容等按操作顺序填写在工作票上。

　　◇ 工作票应由工作票签发人审核，手工或电子签发后方可执行。　承、发包工程，工作票可实行"双签发"，各自承担相应的安全责任。

　　◇ 工作票由设备运维管理单位签发，也可由经设备运维管理单位审核合格，且经批准的检修（施工）单位签发。　检修（施工）单位的工作票签发人、工作负责人名单应事先送设备运维管理单位、调度控制中心备案。

　　◇ 供电单位或施工单位到用户工程或设备上检修（施工）时，工作票应由有权签发的用户单位、施工单位或供电单位签发。

图 3-4 工作票填写示意图

3. 工作许可制度

◆ 各工作许可人应在完成工作票所列由其负责的停电和装设接地线等安全措施后，方可发出许可工作的命令。

◆ 值班调控人员、运维人员在向工作负责人发出许可工作的命令前，应记录工作班组名称、工作负责人姓名、工作地点和工作任务。

◆ 现场办理工作许可手续前，工作许可人应与工作负责人核对线路名称、设备双重名称，检查核对现场安全措施，指明保留带电部位。

◆ 配电维修工作许可示意图见图 3-5。

图 3-5　配电维修工作许可流程示意图

◇ 填用配电第一种工作票的工作，应得到全部工作许可人的许可，并由工作负责人确认工作票所列当前工作所需的安全措施全部完成后，方可下令开始工作。所有许可手续（工作许可人姓名、许可方式、许可时间等）均应记录在工作票上。

◇ 带电作业需要停用重合闸（含已处于停用状态的重合闸），应向调控人员申请并履行工作许可手续。

◇ 填用配电第二种工作票的配电线路工作，可不履行工作许可手续。

◇ 禁止约时停、送电。

4. 工作监护制度

◇ 工作许可后，工作负责人、专责监护人应向工作班成员交待工作内容、人员分工、带电部位和现场安全措施，告知危险点，并履行签名确认手续，方可下达开始工作的命令。

◇ 检修人员（包括工作负责人）不宜单独进入或滞留在高压配电室、开闭所等带电设备区域内。若工作需要（如测量极性、回路导通试验、光纤回路检查等），而且现场设备条件允许时，可以准许工作班中有实际经验的一个人或几个人同时在他室进行工作，但工作负责人应在事前将有关安全注意事项详尽告知。

◇ 工作票签发人、工作负责人对有触电危险、检修（施工）复杂容易发生事故的工作，应增设专责监护人，并确定其监护的人员和工作范围。并应始终在工作现场。

◇ 专责监护人员不得兼做其他工作。专责监护人临时离开时，应通知被监护人员停止工作或离开工作现场，待专责监护人回来后方可恢复工作（见图3-6）。专责监护人需长时间离开工作现场时，应由工作负责人变更专责监护人，履行变更手续，并告知全体被监护人员。

◇ 一个工作负责人不能同时执行多张工作票。若一张工作票下设多个小组工作，工作负责人应指定每个小组的小组负责人（监护人），并使用工作任务单（见图3-7）。

◇ 工作任务单应一式两份，由工作票签发人或工作负责人签发。工作任务单由工作负责人许可，一份由工作负责人留存，一份交小组负责人。工作结束后，由小组负责人向工作负责人办理工作结束手续。工作票上所列的安全措施应包括所有工作任务单上所列的安全措施。几个小组同时工作，使用工作任务单时，工作票的工作班成员栏内，可只填写各工作任务单的小组负责人姓名。工作任务单上应填写本工作小组人员姓名。

图 3-6　工作监护示意图

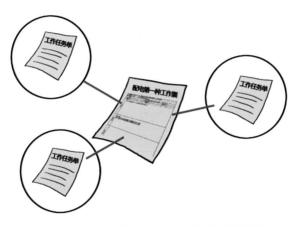

图 3-7　一张工作票对应多个工作任务单示意图

5. 工作间断、转移制度

◆工作中，遇雷、雨、大风等情况威胁到作业人员的安全时，工作负责人或专责监护人应下令停止工作。

◆工作间断，若工作班离开工作地点，应采取措施或派人看守，不让人、畜接近挖好的基坑或未竖立稳固的杆塔以及负载的起重和牵引机械装置等。若接地线保留不变，恢复工作前应检查确认接地线完好；若接地线拆除，恢复工作前应重新验电、装设接地线。

◆使用同一张工作票依次在不同工作地点转移工作时，若工作票所列的安全措施在开工前一次做完，则在工作地点转移时不需要再分别办理许可手续；若工作票所列的停电、接地等安全措施随工作地点转移，则每次转移均应分别履行工作许可、终结手续，依次记录在工作票上。

◇ 一条配电线路分区段工作，若填用一张工作票，经工作票签发人同意，在线路检修状态下，由工作班自行装设接地线等安全措施可分段执行。工作票上应填写使用的接地线编号、装拆时间、位置等随工作区段转移情况（见图 3-8）。

图 3-8　填写在一张工作票上的多点施工示意图

6. 工作终结制度

◇ 工作完工后，应清扫整理现场，工作负责人（包括小组负责人）应检查工作地段的状况，确认工作的配电设备和配电线路的杆塔、导线、绝缘子及其他辅助设备上没有遗留个人保安线和其他工具、材料，查明全部工作人员确由线路、设备上撤离后，再命令拆除由工作班自行装设的接地线等安全措施。接地线拆除后，任何人不得再登杆工作或在设备上工作。

◇ 工作地段所有由工作班自行装设的接地线拆除后，工作负责人应及时向相关工作许可人（含配合停电线路、设备许可人）报告工作终结。

◇ 多小组工作，工作负责人应在得到所有小组负责人工作结束的汇报后，方可与工作许可人办理工作终结手续。

◇ 工作终结报告应以下列方式进行（见图 3-9）：

　1）当面报告；

　2）电话报告，并经复诵无误。

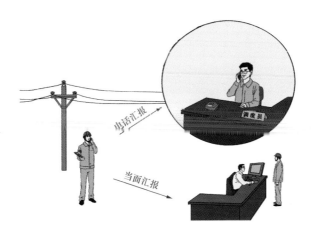

图 3-9　工作终结后报告示意图

◆工作终结报告应简明扼要，主要包括下列内容：工作负责人姓名，某线路（设备）上某处（说明起止杆塔号、分支线名称、位置称号、设备双重名称等）工作已经完工，所修项目、试验结果、设备改动情况和存在问题等，工作班自行装设的接地线已全部拆除，线路（设备）上已无本班组工作人员和遗留物。

◆工作许可人在接到所有工作负责人（包括用户）的终结报告，并确认所有工作已完毕，所有工作人员已撤离，所有接地线已拆除，与记录簿核对无误并做好记录后，方可下令拆除各侧安全措施。

第四章 ≫
保证安全的技术措施

1. 停电

◇ 应停电的线路和设备包含：

1）检修的配电线路或设备。

2）与检修配电线路、设备相邻、安全距离小于表4-1规定的运行线路或设备。

3）大于表4-1、小于表3-1规定，且无绝缘遮蔽或安全遮栏措施的设备。

表 4-1 作业人员工作中正常活动范围与高压线路、设备带电部分的安全距离

电压等级（kV）	安全距离（m）
10 及以下	0.35
20、35	0.60

4）危及线路停电作业安全，且不能采取相应安全措施的交叉跨越、平行或同杆（塔）架设线路。

5）有可能从低压侧向高压侧反送电的设备。

6）工作地段内有可能反送电的各分支线。

7）其他需要停电的线路或设备。

◇ 进行配电施工停电作业前，应做好下列安全措施：

1）检修线路、设备停电，应把工作地段内所有可能来电的电源全部断开。停电时应拉开隔离开关（刀闸），手车开关应拉至试验或检修位置。若无法观察到停电线路、设备的断开点，应断开上一级电源（见图4-1）。

2）对难以做到与电源完全断开的检修线路、设备，可拆除其与电源之间的电气连接。禁止在只经断路器（开关）断开电源且未接地的高压配电线路或设备上工作。

3）可直接在地面操作的断路器（开关）、隔离开关（刀闸）的操作机构应加锁；不能直接在地面操作的断路器（开关）、隔离开关（刀闸）应悬挂"禁止合

图 4-1 断开断路器（开关）及隔离开关（刀闸）示意图

闸，有人工作！"的标示牌。 熔断器的熔管应摘下或悬挂"禁止合闸，有人工作！"的标示牌。

2. 验电

◇ 在停电线路工作地段装接地前，应使用相应电压等级的接触式验电器或测电笔，在装设接地线或合接地刀闸处逐相分别验电。 验电宜使用声光验电器，架空配电线路和高压配电设备验电应有人监护。

◇ 验电前，应先在有电设备上进行试验，确认验电器良好。

◇ 高压验电时，人体与被验电的线路、设备的带电部位应保持表 3-1 规定的安全距离。 使用伸缩式验电器，绝缘棒应拉到位，验电时手应握在手柄处，不得超过护环，宜戴绝缘手套。

◇ 雨雪天气室外设备宜采用间接验电；若直接验电，应使用雨雪型验电器，并戴绝缘手套。

◇ 对同杆（塔）塔架设的多层电力线路验电，应先验低压、后验高压，先验下层、后验上层，先验近侧、后验远侧。

◇ 禁止作业人员越过未经验电、接地的线路对上层、远侧线路验电。

◇ 检修联络用的断路器（开关）、隔离开关（刀闸），应在两侧验电。

◇ 低压配电线路和设备停电后，检修或装表接电前，应在与停电检修部位或表计电气上直接相连的可验电部位验电。

◇ 对无法直接验电的设备，应间接验电，至少应有两个非同样原理或非同源的指示发生对应变化，且所有这些确定的指示均已同时发生对应变化，方可确认该设备已无电压。

◇ 验电作业示意见图 4-2。

应先验低压、后验高压
先验下层、后验上层
先验近侧、后验远侧
断路器、隔离开关应两侧验电

图 4-2　验电作业示意图

◇ 线路经验明确无电压后，应立即装设接地并三相短路。 配合停电的交叉跨越或邻近线路，应装设一组接地线。 装设、拆除接地线应有人监护。

◇ 在配电线路和设备上，接地线的装设部位应是与检修线路和设备电气直接相连金属导电部分。

◇ 绝缘导线的接地线应装设在验电接地环上。

◇ 禁止工作人员擅自变更工作票中指定的接地线位置。 如需变更，应由工作负责人征得工作票签发人同意，并在工作票上注明变更情况。 作业人员应在接地线的保护范围内作业。

◇ 装设的接地线应接触良好、连接可靠。 装设接地线应先接接地端、后接导体端，拆除接地线的顺序与此相反。 装设、拆除接地线均应使用绝缘棒并戴绝缘手套，人体不得碰触接地线或未接地的导线。

◇ 同杆塔架设的多层电力线路挂接地线时，应先挂低压、后挂高压、先挂下层、后挂上层，先挂近侧、后挂远侧。 拆除时顺序相反。

◇ 电缆及电容器接地前应逐相充分放电，星形接线电容器的中性点应接地，串联电容器及与整组电容器脱离的电容器应逐个多次放电，装在绝缘支架上的电容器外壳也应放电。

◇ 对于因交叉跨越、平行或邻近带电线路、设备导致检修线路或设备可能产生感应电压时，应加装接地线或使用个人保安线（见图 4-3），加装（拆除）的接地线应记录在工作票上。

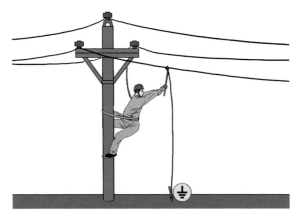

图 4-3　接地线挂设示意图

◇接地线应使用专用的线夹固定在导体上，禁止用缠绕的方法接地或短路。

◇低压配电设备、低压电缆、集束导线停电检修，无法装设接地线时，应采取绝缘遮蔽或其他可靠隔离措施。

4 个人保安线

◇工作地段如有邻近、平行、交叉跨越及同杆塔架设线路，为防止停电检修线路上感应电压伤人，在需要接触或接近导线工作时，应使用个人保安线。

◇个人保安线应在杆塔上接触或接近导线的工作开始前挂接，作业结束脱离导线后拆除。装设时，应先接接地端，后接导线端，且接触良好，连接可靠。拆个人保安线的顺序与此相反。个人保安线由作业人员负责自行装、拆。

◇在杆塔或横担接地通道良好的条件下，个人保安线接地端允许接在杆塔或横担上（见图4-4）。

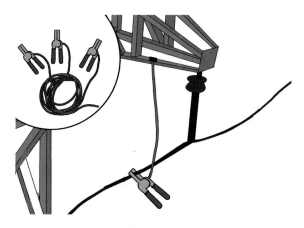

图 4-4　个人保安线示意图

5. 悬挂标示牌和装设遮栏（围栏）

◇在一经合闸即可送电到工作地点的断路器（开关）、隔离开关（刀闸）及跌落式熔断器的操作处，均应悬挂"禁止合闸，线路有人工作！"或"禁止合闸，有人工作！"的标示牌。

◇应悬挂标示牌的地点还包括：正在检修的设备，可能误登、误碰的邻近带电设备，高低压配电室、开闭所、配电站户外高压设备部分停电检修或新设备安装时，高压配电设备做耐压试验时等。

◇ 在工作场所周围应装设遮栏（围栏），并在相应部位装设标示牌。必要时，派专人看管（见图 4-5 ）。

图 4-5　现场安全围栏和标示牌示意图

◇ 禁止越过遮栏（围栏）。

◇ 禁止作业人员擅自移动或拆除遮栏（围栏）、标示牌。因工作原因需短时移动或拆除遮栏（围栏）、标示牌时，应有人监护。完毕后应立即恢复。

◇ 高压配电设备做耐压试验时应在周围设围栏，围栏上应向外悬挂适当数量的"止步，高压危险！"标示牌。禁止工作人员在工作中移动或拆除围栏和标示牌配电施工中涉及交通安全围栏的情况参见图 4-6。

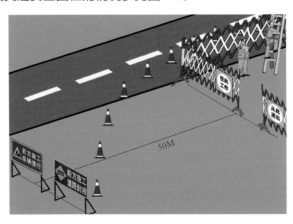

图 4-6　交通安全围栏标示布置图

第五章 》
动火作业安全

1. 动火作业基本要求

◇ 凡是能直接或间接产生明火的作业，包括熔化焊接、切割、喷枪、喷灯、钻孔、打磨、锤击、破碎、切削等都属于动火作业。

◇ 在重点防火部位或场所以及禁止明火区动火作业，应填用动火工作票。

◇ 在一级动火区动火作业（火灾危险性很大，发生火灾时后果很严重的部位、场所或设备），应填写配电一级动火工作票。

◇ 在二级动火区动火作业（一级动火区以外的所有防火重点部位、场所或设备及禁火区域），应填用配电二级动火工作票。

◇ 动火工作票各级审批人员和签发人、工作负责人、许可人、消防监护人、动火执行人应具备相应资质，在整个作业流程中应履行各自的安全责任。

◇ 动火作业中使用的机具、气瓶等应合格、完整。

◇ 在重点防火部位、存放易燃易爆物品的场所附近及存有易燃物品的容器上焊接、切割时，应严格执行动火工作的有关规定，填用动火工作票，备有必要的消防器材。

2. 焊接与切割

◇ 焊接与切割人员作业时应佩戴焊接手套、焊接面罩、工作鞋等防护用品，并持证上岗。

◇ 作业点周围 5m 范围内易燃易爆物品清除干净。

◇ 动火作业应有专人监护，动火作业前应清除动火现场及周围的易燃物品，或采取其他有效措施，配备足够适用的消防器材。

◇ 动火作业准备事项示意图见图 5-1。

图 5-1　动火作业准备事项示意图

◆动火作业间断或终结后，应清理现场，切断设备电源，确认无残留火种，方可离开。

◆电焊机的接地必须可靠（接地电阻不准大于 4 Ω），其裸露的导电部分必须装设防护罩。电焊机露天放置时，应选择干燥场所，并加防雨罩（见图 5-2）。

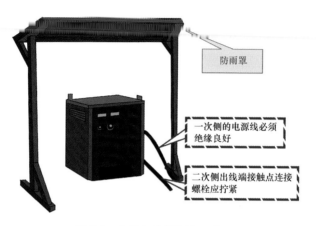

图 5-2　电焊机使用要求示意图

3. 氧气瓶、乙炔瓶安全要求

◆氧气瓶、乙炔瓶在运输、储存和使用过程中，须采取固定措施，避免气瓶剧烈振动、敲击和碰撞，防止脆裂爆炸。在运输、储存过程中，要安装瓶帽和防振圈（见图 5-3）。

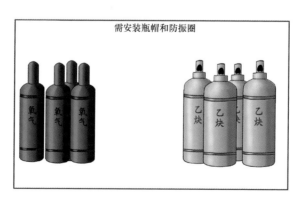

图 5-3　氧气瓶/乙炔瓶示意图

◆乙炔瓶不得靠近热源或烈日暴晒，其表面温度不得超过 40℃，乙炔瓶使用时必须直立放置，严禁卧倒（见图5-4）。

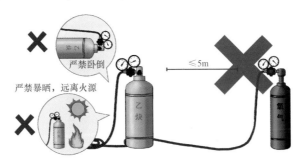

图 5-4　乙炔瓶放置要求示意图

◆氧气瓶、乙炔瓶必须装设减压器，不同气体减压器严禁换用或替用。乙炔瓶必须安装回火防止器，严禁敲击、碰撞乙炔瓶（见图5-5）。

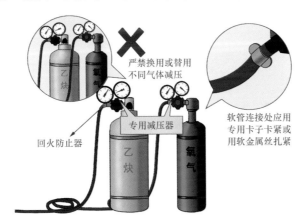

图 5-5　氧气瓶/乙炔瓶回火防止器、减压器及软管示意图

4. 其他安全注意事项

◆不准在带有压力（液体压力或气体压力）的设备上或带电设备上进行焊接。在特殊情况下需在带压和带电的设备上进行焊接时，应采取安全措施，并经本单位分管生产的领导（总工程师）批准。对承重构架进行焊接，应经过有关技术部门的许可。

◆禁止在油漆未干的结构或其他物体上进行焊接。

◆在风力超过 5 级及下雨雪时，不可露天进行焊接或切割工作。 如必须进行时，应采取防风、防雨雪的措施。

◆使用中的氧气瓶和乙炔瓶应垂直固定放置，氧气瓶和乙炔瓶的距离不得小于 5m；气瓶的放置地点不得靠近热源，应距明火 10m 以外（见图 5-6）。

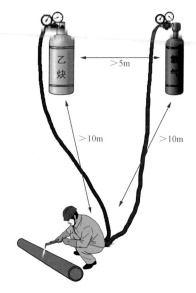

图 5-6　氧气瓶/乙炔瓶使用安全距离示意图

第六章 》
高处作业安全

1. 高处作业基本要求

◇ 凡在坠落高度基准面 2m 及以上的高处进行的作业，都应视作高处作业（见图 6-1）。凡参加高处作业的人员，应每年进行一次体检。

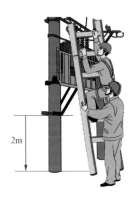

图 6-1　高处作业示意图

2. 高处作业防护要求

◇ 高处作业均应先搭设脚手架、使用高空作业车、升降平台或采取其他防止坠落措施，方可进行（见图 6-2）。

图 6-2　高处作业防坠落措施示意图

高处作业要求事项见图6-3。

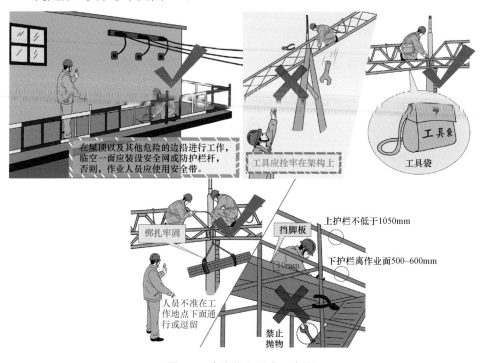

图6-3　高空作业要求示意图

◇高处作业区周围的孔洞、沟道等应设盖板、安全网或围栏，并有固定其位置的措施。同时，应设置安全标志，夜间还应设红灯警示（见图6-4）。

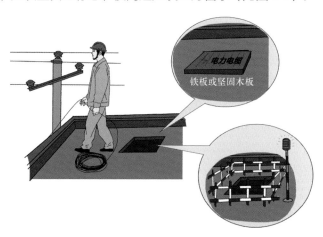

图6-4　高处作业安全措施示意图

3. 安全带使用要求

◇ 参见本手册第一章安全带的使用部分。

4. 高处作业车安全要求

◇ 利用高空作业车、带电作业车、叉车、高处作业平台等进行高处作业，高处作业平台应处于稳定状态，车辆移动时，作业平台上不准载人。

5. 脚手架安全要求

◇ 脚手架的安装、拆除和使用，应执行国家相关规程及《安规》中的有关规定。

◇ 脚手架应经验收合格后方可使用。 上下脚手架应走斜道或梯子，禁止作业人员沿脚手杆或栏杆等攀爬。

◇ 在没有脚手架或者在没有栏杆的脚手架上工作，高度超过 1.5m 时，应使用安全带，或采取其他可靠的安全措施。

第七章 »
起重与运输作业安全

◇ 起重设备经检验检测机构监督检验合格，并在特种设备安全监督管理部门登记。

◇ 起重设备的操作人员和指挥人员应经专业技术培训，并经实际操作及有关安全规程考试合格、取得合格证后方可独立上岗作业，其合格证种类应与所操作（指挥）的起重机类型相符合。 起重设备作业人员在作业中应严格执行起重设备的操作规程和有关的安全规章制度。 当遇到图 7-1 所示情况，不得进行起重作业。

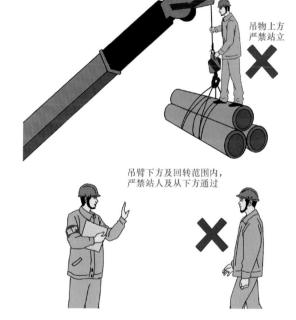

吊物上方
严禁站立

吊臂下方及回转范围内，
严禁站人及从下方通过

正确位置
远离吊物

以下十种情况，不得起吊：
　（1）超载或被吊物质量不清不吊；
　（2）指挥信号不明确不吊；
　（3）捆绑、吊挂不牢或不平衡，可能引起滑动时不吊；
　（4）被吊物上有人或浮置物不吊；
　（5）结构或零部件有影响安全工作的缺陷或损伤时不吊；
　（6）遇到拉力不清的埋置物时不吊；
　（7）工作场地昏暗，无法看清场地、被吊物和指挥信号时不吊；
　（8）被吊物棱角处与捆绑绳间未加衬垫时不吊；
　（9）歪拉斜吊重物时不吊；
　（10）容器内液的物品过满时不吊。

图 7-1　起吊物体注意事项示意图

◇ 起重机上应备有灭火装置，驾驶室内应铺橡胶绝缘垫，禁止存放易燃品（见图 7-2）。

◇ 没有得到起重司机的同意，任何人不准登上起重机。

◇ 起重机吊装工作前，要将四只液压撑在地面上支牢，并要杜绝支撑在松软的地面上（见图 7-3）。

◇ 对在用起重机械，应当在每次使用前进行一次常规性检查，并做好记录。 移动式起重设备应安置平稳牢固，并应设有制动和逆止装置。 禁止使用制动失灵或不灵敏的起重机械。

图 7-2　起重机上灭火装置及驾驶室内橡胶绝缘垫示意图

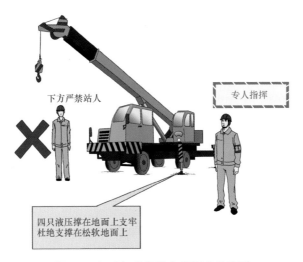

图 7-3　起重机放置及人员要求示意图

2. 超重设备一般规定

◇凡符合以下情况者属超重设备，起吊超重设备时，应制定专门的技术安全措施，向全体人员进行技术交底，起重搬运时，只能由一人统一指挥。

1）重量达到起重设备额定负荷的 90% 及以上。

2）两台及以上起重设备抬吊同一物件。

3）起吊重要设备、精密物件、不易吊装的大件或在复杂场所进行大件吊装。

3. 吊装作业安全

◇起重机停放或行驶时，其车轮、支腿或履带的前端或外侧与沟、坑边缘的距离不准小于沟、坑深度的 1.2 倍，否则应采取防倾、防坍塌措施（见图 7-4）。

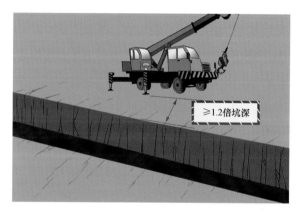

≥1.2倍坑深

图 7-4　起重机停放或行驶时机身与坑边缘的安全距离要求示意图

◇作业时，起重机应置于平坦、坚实的地面上，机身倾斜度不准超过制造厂的规定。不准在暗沟、地下管线等上面作业；不能避免时，应采取防护措施，不准超过暗沟、地下管线允许的承载力。

◇汽车式起重机及轮胎式起重机作业前应先支好全部支腿后方可进行其他操作；作业完毕后，应先将臂杆放在支架上，然后方可起腿。汽车式起重机除具有吊物行走性能者外，均不得吊物行走（见图 7-5）。

◇在带电区域内使用起重机械时，应安装接地装置，接地线应用多股软铜线，其截面应满足接地短路容量的要求，不得小于 $16mm^2$（见图 7-6）。

◇起重物品应绑牢，吊钩要挂在物品的重心线上。起吊大件或不规则组件时，应在吊件上拴以牢固的溜绳（见图 7-7）。

◇起吊重物前应由工作负责人检查悬吊情况及所吊物件的捆绑情况，认为可靠后方准试行吊起。起吊重物吊离地面约 100mm 时，应暂停起吊并进行全面检查，确认完好后方可正式起吊（见图 7-8）。

图 7-5 汽车式起重机及轮胎式起重机作业注意事项示意图

图 7-6 配电站内使用起重机械接地装置示意图

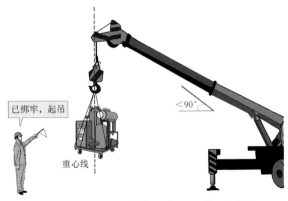

图 7-7 起重吊钩钩挂吊物重心线示意图

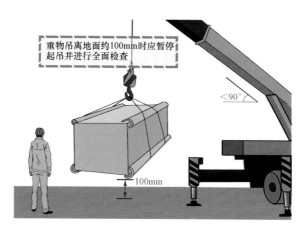

图 7-8　暂停起吊并全面检查的起吊高度示意图

◆起重臂升降时或吊件升空时不得调整绑扎绳,需调整时必须让吊件落地后再调整。

◆吊起的重物不得在空中长时间停留。 在空中短时间停留时,操作人员和指挥人员均不得离开工作岗位。

◆禁止用起重机吊埋在地下的物件(见图 7-9)。

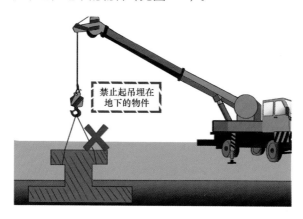

图 7-9　不正确的起吊作业示意图

◆作业时,起重机臂架、吊具、辅具、钢丝及吊物等与架空输电线及其他带电体的最小安全距离不得小于《安规》的规定,且应设专人监护。 如小于或等于《安规》的规定时应制定防止误碰带电设备的安全措施,并经本单位分管生产的领导(总工程师)批准。 如小于《安规》规定的距离,应停电进行。

◆长期或频繁地靠近架空线路或其他带电作业时,应采取隔离防护措施。

◆汽车式起重机行驶时,应将臂杆放在支架上,吊钩挂在挂钩上并将钢丝绳收紧。 禁止上车操作室坐人。

4. 运输安全

◇搬运的过道应当平坦畅通，如在夜间搬运应有足够的照明。 如需经过山地陡坡或凹凸不平之处，应预先制定运输方案，采取必要的安全措施。

◇用管子滚动搬运应按照图 7-10 所示规定。

管子承受重物后两端
各露出约300mm

专人负责指挥

手动调节管子时，应
注意防止手指压伤

300mm

防滑
措施

上坡

图 7-10　管子等滚动搬运物体示意图

◇装运电杆、变压器和线盘应绑扎牢固，水泥杆、线盘的周围应塞牢，防止滚动、移动伤人。 物件重心应与车厢承重中心基本一致，超长物件尾部应设标志。

◇禁止客货混装。

◇装卸电杆等物件应采取措施，防止散堆伤人。

◇使用机械牵引杆件上山时，应将杆身绑牢，钢丝绳不得触磨岩石或坚硬地面，牵引路线两侧 5m 以内，不得有人逗留或通过。

第八章 ≫
带电作业

1. 一般要求

◇ 参加带电作业的人员，应经专门培训，考试合格取得资格后方可参加作业。带电作业工作票签发人和工作负责人、专责监护人应由具有带电作业资格和实践经验的人员担任。

◇ 带电作业应有人监护。 复杂或高杆塔作业，必要时应增设专责监护人。

◇ 需要停用重合闸的作业和带电断、接引线工作应由值班调控人员履行许可手续。 带电作业结束后，工作负责人应及时向值班调控人员或运维人员汇报（见图8-1）。

图 8-1　带电作业示意图

◇ 带电作业应在良好天气下进行。

◇ 带电作业项目，应勘察配电线路是否符合带电作业条件，并根据勘察结果确定带电作业方法、所需工具以及应采取的措施。

2. 安全技术措施

◇ 高压配电线路不得进行等电位操作。

◇ 在带电作业过程中，若线路突然停电，作业人员应视线路仍带电。

◇ 在带电作业过程中，工作负责人发现或获知相关设备发生故障，应立即停止工作，撤离人员，并立即与值班调控人员或运维人员取得联系。 值班调控人员或运维人员发现相关设备故障，应立即通知工作负责人。

◇带电作业，应穿戴绝缘防护用具。 带电断、接引线作业应戴护目镜。

◇带电作业过程中，禁止摘下绝缘防护用具。

◇对作业中可能触及的其他带电体及无法满足安全距离的接地体应采取绝缘遮蔽措施。

◇带电作业时不得使用非绝缘绳索（如棉纱绳、白棕绳、钢丝绳等）。

◇斗上双人带电作业，禁止同时在不同相或不同电位作业。

◇禁止地电位作业人员直接向进入电场的作业人员传递非绝缘物体。 上、下传递工具、材料均应使用绝缘绳绑扎，严禁抛掷。

◇带电、停电配合作业的项目，当带电、停电作业工序转换时，双方工作负责人应进行安全技术交接，确认无误后，方可开始工作（见图8-2）。

防护眼睛

防护手套

绝缘绳

绑扎工具

图 8-2　安全技术措施示意图

3.　带电断、接引线

◇禁止带负荷断、接引线。

◇禁止用断、接空载线路的方法使两电源解列或并列。

◇带电断、接空载线路时，应确认后端所有断路器（开关）、隔离开关（刀闸）已断开，变压器、电压互感器已退出运行。

◇带电断、接空载线路所接引线长度应适当，与周围接地构件、不同相带电体应有足够安全距离，连接应牢固可靠。 断、接时应有防止引线摆动的措施（见

图 8-3 ）。

采取消弧措施

确认开关、刀闸
处于闭/合状态

图 8-3　带电断、接引线示意图

◆ 带电接引线时未接通相的导线、带电断引线时已断开相的导线，应在采取防感应电措施后方可触及。

◆ 带电断、接空载线路或架空线路时，不得直接带电断、接，作业人员应戴护目镜，并采取消弧措施。消弧工具的断流能力应与被断、接的空载线路电压等级及电容电流相适应。

◆ 带电断开架空线路与空载电缆线路的连接引线前，应检查电缆所连接的开关设备状态，确认电缆空载。

◆ 带电接入架空线路与空载电缆线路的连接引线之前，应确认电缆线路试验合格，对侧电缆终端连接完好，接地已拆除，并与负荷设备断开。

4. 带电短路设备

◆ 用绝缘分流线或旁路电缆短路设备时，短路前应核对相位，载流设备应处于正常通流或合闸位置。断路器（开关）应取下跳闸回路熔断器，锁死跳闸机构。

◆ 短接开头设备的绝缘分流线截面积和两端线夹的载流容量，应满足最大负荷电流的要求。

◆ 带负荷更换高压隔离开关（刀闸）、跌落式熔断器，安装绝缘分流线时应有防止高压隔离开关（刀闸）、跌落式熔断器意外断开的措施。

◆ 绝缘分流线或旁路电缆两端连接完毕且遮蔽完好后，应检测通流情况正常。

◆ 短接故障线路、设备前，应确认故障已隔离（见图 8-4 ）。

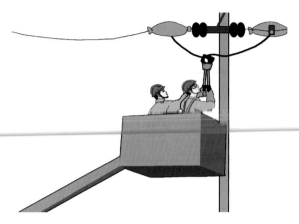

图 8-4 带电短路设备示意图

5. 高压电缆旁路作业

◇采用旁路作业方式进行电缆线路不停电作业时，旁路电缆两侧的环网柜等设备均应带断路器（开关），并预留备用间隔。负荷电流应小于旁路系统额定电流。

◇旁路电缆终端与环网柜（分支箱）连接前应进行外观检查，绝缘部件表面应清洁、干燥，无绝缘缺陷，并确认环网柜（分支箱）柜体可靠接地；若选用螺栓式旁路电缆终端，应确认接入间隔的断路器（开关）已断开接地。

◇电缆旁路作业，旁路电缆屏蔽层应在两终端处引出可靠接地，接地线的截面积不宜小于 $25mm^2$。

◇采用旁路作业方式进行电缆线路不停电作业前，应确认两侧设备间隔断路器（开关）及旁路断路器（开关）均在断开状态。

◇旁路电缆使用前应进行试验，试验后应充分放电。

◇旁路电缆安装完毕后，应设置安全围栏和"止步，高压危险！"标示牌，防止旁路电缆受损或行人靠近旁路电缆。

6. 带电立、撤杆

◇作业前，应检查作业点两侧电杆、导线及其他带电设备是否固定牢靠，必要时应采取加固措施。

◇作业时，杆根作业人员应穿绝缘靴、戴绝缘手套，起重设备操作人员应穿绝缘靴。 起重设备操作人员在作业过程中不得离开操作位置。

◇立、撤杆时，起重工器具、电杆与带电设备应始终保持有效的绝缘遮蔽措施，并有防止起重工器具、电杆等的绝缘防护及遮蔽器具绝缘损坏或脱落的措施。

◇立、撤杆时，应使用足够强度的绝缘绳索作拉绳，控制电杆起立方向。

7. 使用绝缘斗臂车的作业

◇绝缘斗臂车应根据 DL/T 854《带电作业用绝缘斗臂车的保养及在使用中的试验》定期检查。

◇绝缘臂的有效绝缘长度应大于 1.0m（10kV）、1.2m（20kV），下端宜装设泄漏电流监测报警装置。

◇禁止绝缘斗超载工作。

◇绝缘斗臂车操作人员应服从工作负责人的指挥，作业时应注意周围环境及操作速度。 在工作过程中，绝缘斗臂车的发动机不得熄火（电能驱动型除外）。 接近和离开带电部分时，应由绝缘斗中人员操作，下部操作人员不得离开操作台（见图 8-5）。

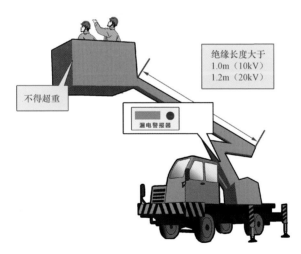

图 8-5 使用绝缘斗臂车示意图

◇绝缘斗臂车应选择适当的工作位置，支撑应稳固可靠；机身倾斜度不得超过制造厂的规定，必要时应有防倾覆措施。

◇绝缘斗臂车使用前应在预定位置空斗操作一次，确认液压传动、回转、升降，伸缩系统工作正常、操作灵活，制动装置可靠。

◇绝缘斗臂车的金属部分在仰起、回转运动中，与带电体间的安全距离不得小于0.9m（10kV）、1.0m（20kV）。工作中车体应使用不小于$16mm^2$的软铜线良好接地。

8. 带电作业工器具的保护、使用和试验

◇带电作业工具的使用：

1）带电作业工具应绝缘良好、连接牢固、转动灵，并按厂家使用说明书、现场操作规程正确使用。

2）带电作业工具使用前应根据工作负荷校核机械强度，并满足规定的安全系数。

3）运输过程中，带电绝缘工具应装在专用工具袋、工具箱或专用工具车内，以防受潮或损伤。发现绝缘工具受潮或表面损伤、脏污时，应及时处理并经试验或检测合格后方可使用。

4）进入作业现场应将使用的带电作业工具放置在防潮的帆布或绝缘垫上，以防脏污和受潮。

5）禁止使用有损坏、受潮、变形或失灵的带电作业装备、工具。操作绝缘工具时应戴清洁、干燥的手套。

第九章 »
配电设备工作

1. 配电站、开闭所

◇ 配电站、开闭所的环网柜应在没有负荷的状态下更换熔断器（见图 9-1）。

图 9-1　配电站、开闭所内环网柜示意图

2. 箱式变电站

◇ 箱式变电站停电作业前，应断开所有可能送电到箱式变电站的线路的断路器（开关）、负荷开关、隔离开关（刀闸）和熔断器，验电、接地后，方可进行箱式变电站的高压设备工作（见图 9-2）。

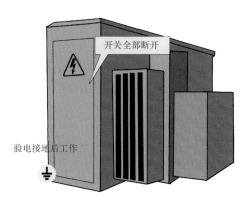

图 9-2　箱式变电站

◇ 变压器高压侧短路接地、低压侧短路接地或采取绝缘遮蔽措施后，方可进入变

压器室工作。

3. 柱上变压器

◇ 柱上变压器台架工作前，应检查确认台架与杆架联结牢固、接地体完好。

◇ 柱上变压器台架工作，应先断开低压侧的空气开关、刀开关，再断开变压器台架的高压线路的隔离开关（刀闸）或跌落式熔断器，高低压侧验电、接地后，方可工作。 若变压器的低压侧无法装设接地线，应采用绝缘遮蔽措施。

◇ 柱上变压器台架工作，人体与高压线路和跌落式熔断器上部带电部分应保持安全距离。 不宜在跌落式熔断器下部新装、调换引线，若必须进行，应采用绝缘罩将跌落式熔断器上部隔离，并设专人监护（见图9-3）。

图 9-3　柱上变压器工作示意图

4. 环网柜

◇ 环网柜应在停电、验电、合上接地闸刀后，方可打开柜门（见图9-4）。

◇ 环网柜部分停电工作，若进线柜线路侧有电，进线柜应设遮栏，悬挂"止步，高压危险！"标示牌；在进线柜负荷开关的操作把手插入口加锁，并悬挂"禁止合闸，有人工作！"标示牌；在进线柜接地刀闸的操作把手插入口加锁。

图 9-4　环网柜

5. 分支箱

◇ 分支箱应在停电状态下施工，并在明显处悬挂"止步，高压危险！"标示牌。

6. 计量、负控装置

◇ 工作时，应有防止电流互感器二次侧开路、电压互感器二次侧短路和防止相间短路、相对地短路、电弧灼伤的措施。

◇ 电源侧不停电更换电能表时，直接接入的电能表应将出线负荷断开；经电流互感器接入的电能表应将电流互感器二次侧短路后进行。

◇ 现场校验电流互感器、电压互感器应停电进行，试验时应有防止反送电、防止人员触电的措施。

◇ 负控装置安装、维护和检修工作一般应停电进行，若需不停电进行，工作时应有防止误碰运行设备、误分闸的措施（见图 9-5）。

图 9-5　计量、负控装置

第十章 »
低压电气工作

1. 一般要求

◇ 低压电气带电工作应戴手套、护目镜，并保持对地绝缘。

◇ 低压配电网中的开断设备应易于操作，并有明显的开断指示。

◇ 低压电气工作前，应用低压验电器或测电笔检验检修设备、金属外壳和相邻设备是否有电。

◇ 低压电气工作，应采取措施防止误入相邻间隔、误碰相邻带电部分。

◇ 低压电气工作时，拆开的引线、断开的线头应采取绝缘包裹等遮蔽措施。

◇ 低压电气带电工作，应采取绝缘隔离措施防止相间短路和单相接地。

◇ 低压电气带电工作时，作业范围内电气回路的剩余电流动作保护装置应投入使用。

◇ 低压电气带电工作使用的工具应有绝缘柄，其外裸露的导电部分应采取绝缘包裹措施（见图 10-1）；禁止使用锉刀、金属尺和带有金属物的毛刷、毛掸等工具。

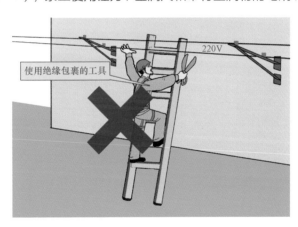

图 10-1　低压线路工作示意图

◇ 所有未接地或未采取绝缘遮蔽、断开点加锁挂牌等可靠措施隔绝电源的低压线路和设备都应视为带电。未经验明确无电压，禁止触碰导体的裸露部分。

2. 低压配电网工作

◇ 带电断、接低压导线应有人监护。断、接导线前应核对相线（火线）、零线。断开导线时，应先断开相线（火线），后断开零线。搭接导线时，顺序相反。

◇ 禁止人体同时接触两根线头。

◇ 高低压同杆（塔）架设，在低压带电线路上工作前，应先检查与高压线路的距离，并采取防止误碰高压带电线路的措施。

◇ 高低压同杆（塔）架设，在下层的低压带电导线未采取绝缘隔离措施或未停电接地时，作业人员不得穿越。

◇ 低压装表接电时，应先安装计量装置后接电。

◇ 电容器柜内工作，应断开电容器的电源、逐机充分放电后，方可工作。

◇ 在配电柜（盘）内工作，相邻设备应全部停电或采取绝缘遮蔽措施。

◇ 当发现配电箱、电表箱箱体带电时，应断开上一级电源，查明带电原因，并做相应处理（见图 10-2）。

图 10-2　低压配电施工示意图

◇ 配电变压器测控装置二次回路上工作，应按低压带电工作进行，并采取措施防止电流互感器二次侧开路。

◇ 非运维人员进行的低压测量工作，宜填用低压工作票。

3. 低压用电设备工作

◇ 在低压用电设备（如充电桩、路灯、用户终端设备等）上工作，应采用工作票或派工单、任务单、工作记录、口头、电话命令等形式，口头或电话命令应留有记录。

◇ 在低压用电设备上工作，需高压线路、设备配合停电时，应填用相应的工作票。

◈ 在低压用电设备上停电工作前，应断开电源、取下熔丝，加锁或悬挂标示牌，确保不误合（见图 10-3）。

图 10-3　低压用电设备上停电工作

◈ 在低压用电设备上停电工作前，应验明确无电压，方可工作。

第十一章
电力电缆工作

1. 一般要求

◇ 工作前，应核对电力电缆标志牌的名称与工作票所填写的是否相符及安全措施是否正确可靠。

2. 施工作业要求

◇ 电力电缆的标志牌与电网系统图、电缆走向图和电缆资料的名称一致。
◇ 电缆隧道应有足够的照明，并有防火、防水及通风措施（见图 11-1）。

电缆隧道应有足够的照明，并有防火、防水及通风措施

电力电缆的标志牌与电网系统图、电缆走向图和电缆资料的名称一致

图 11-1　施工作业示意图

3. 电力电缆施工作业

◇ 电缆沟（槽）开挖的安全措施：

1）电缆直埋敷设施工前，应先查清图纸，再开挖足够数量的样洞（沟），摸清地下管线分布情况，以确定电缆敷设位置，确保不损伤运行电缆和其他地下管线设施。

2）掘路施工应做好应用标准路栏等进行分隔，并有明显标记，夜间施工人员应佩戴反光标志，施工地点应加挂警示灯。

81

3）为防止损伤运行电缆或其他地下管线设施，在城市道路红线范围内不宜使用大型机械开挖沟（槽），硬路面面层破碎可使用小型机械设备，但应加强监护，不得深入土层。

4）沟（槽）开挖深度达到 1.5m 及以上时，应采取措施防止土层塌方。

5）沟（槽）开挖时，应将路面铺设材料和泥土分别堆置，堆置处和沟（槽）之间应保留通道供施工人员正常行走。在堆置物堆起的斜坡上不得放置工具、材料等器物。

6）在下水道、煤气管线、潮湿地、垃圾堆或有腐质物等附近挖沟（槽）时，应设监护人。在挖深度超过 2m 的沟（槽）内工作时，应采取安全措施，如戴防毒面具、向沟（槽）送风和持续检测等。监护人应密切注意挖沟（槽）人员，防止煤气、硫化氢等有毒气体中毒及沼气等可燃气体爆炸。

7）挖到电缆保护板后，应由有经验的人员在场指导，方可继续进行。

8）挖掘出的电缆或接头盒，若下方需要挖空时，应采取悬吊保护措施。

◇ 进入电缆井、电缆隧道前，应先用吹风机排除浊气，再用气体检测仪检查井内或隧道内的易燃易爆及有毒气体的含量是否超标，并做好记录。

◇ 高压跌落式熔断器与电缆头之间作业的安全措施：

1）宜加装过渡连接装置，使作业时能与熔断器上桩头有电部分保持安全距离。

2）跌落式熔断器上桩头带电，需在下桩头新装、调换电缆终端引出线或吊装、搭接电缆终端头及引出线时，应使用绝缘工具，并采用绝缘罩将跌落式熔断器上桩头隔离，在下桩头加装接地线。

3）作业时，作业人员应站在低位，伸手不得超过跌落式熔断器下桩头，并设专人监护。

4）禁止雨天进行以上工作。

◇ 电缆施工作业完成后应封堵穿越过的孔洞（见图 11-2）。

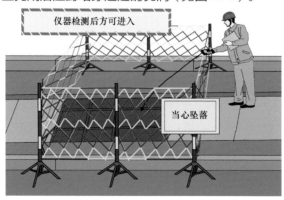

图 11-2　电缆施工作业示意图

4. 电力电缆试验

◇ 电缆耐压试验前，应先对被试电缆充分放电。 加压端应采取措施防止人员误入试验场所；另一端应设置遮栏（围栏）并悬挂警告标示牌。 若另一端是上杆的或是开断电缆处，应派人看守（见图11-3）。

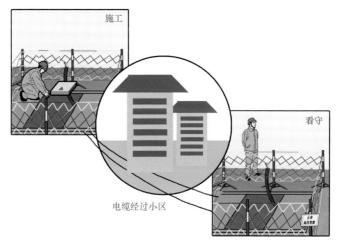

图 11-3　电力电缆试验

◇ 电缆试验需拆除接地线时，应在征得工作许可人的许可后（根据调控人员指令装设的接地线，应征得调控人员的许可）方可进行。 工作完毕后应立即恢复。

◇ 电缆试验过程中需更换试验引线时，作业人员应先戴好绝缘手套对被试电缆充分放电。

◇ 电缆耐压试验分相进行时，另两相电缆应可靠接地。

◇ 电缆试验结束，应对被试电缆充分放电，并在被试电缆上加装临时接地线，待电缆终端引出线接通后方可拆除。

◇ 电缆故障声测定点时，禁止直接用手触摸电缆外皮或冒烟小洞。

◇ 电缆隧道应有足够的照明，并有防火、防水及通风措施。

第十二章
高压试验和测量工作

一般要求

◇ 高压试验不得少于两人，试验负责人应由有经验的人员担任。 试验前，试验负责人应向全体试验人员交待工作中的安全注意事项，邻近间隔、线路设备的带电部位（见图 12-1）。

◇ 直接接触设备的电气测量，应有人监护。 测量时，人体与高压带电部位不得小于表 3-1 规定的安全距离。 夜间测量，应有足够的照明。

◇ 高压试验的试验装置和测量仪器应符合试验和测量的安全要求。

◇ 测量工作一般在良好天气时进行。

◇ 雷电时，禁止测量绝缘电阻及高压侧核相。

◇ 高压试验一般要求示意图见图 12-1。

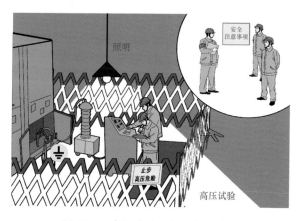

图 12-1　高压试验一般要求示意图

2. 高压试验

◇ 配电线路和设备的高压试验应填用配电第一种工作票。 在同一电气连接部分，许可高压试验工作票前，应将已许可的检修工作票全部收回，禁止再许可第二张工作票。

◇ 一张工作票，同时有检修和试验时，试验前应得到工作负责人的同意。

◇ 因试验需要解开设备接头时，解开前应做好标记，重新连接后应检查。

◇ 试验装置的金属外壳应可靠接地；高压引线应尽量缩短，并采用专用的高压试验线，必要时用绝缘物支持牢固。

◇ 试验装置的电源开关，应使用双极刀闸，并在刀刃或刀座上加绝缘罩，以防误合。 试验装置的低压回路中应有两个串联电源开关，并装设过载自动跳闸装置。

◇ 试验现场应装设遮栏（围栏），遮栏（围栏）与试验设备高压部分应有足够的安全距离，向外悬挂"止步，高压危险！"标示牌。 被试设备不在同一地点时，另一端还应设遮栏（围栏）并悬挂"止步，高压危险！"标示牌。

◇ 试验应使用规范的短路线，加电压前应检查试验接线，确认电计位申、量程、调压器回位及仪表的初始状态均正确无误后，通知所有人员离开被试设备，并取得试验负责人许可，方可加压。 加压过程中应有人监护并呼唱，试验人员应随时警戒异常现象发生，操作人应站在绝缘垫上（见图12-2）。

图 12-2　高压试验操作规范示意图

◇ 变更接线或试验结束，应断开试验电源，并将升压设备的高压部分放电，短路接地。

◇ 试验结束后，试验人员应拆除自装的接地线和短路线，检查被试设备，恢复试验前的状态，经试验负责人复查后，清理现场。

3.　测量工作

◇ 使用钳形电流表的测量工作：

1）高压回路上使用钳形电流表测量工作，至少应两人进行。 非运维人员测量时，应填用配电第二种工作票。

2）使用钳形电流表测量，应保证钳形电流表的电压等级与被测设备相符。

3）测量时应戴绝缘手套，穿绝缘鞋（靴）或站在绝缘垫上，不得接触其他设备，以防短路或接地。 观测钳形电流表数据时，应注意保持头部与带电部分的安全距离。

4）在高压回路上测量时，禁止用导线从钳形电流表另接表计测量。

5）测量时若需拆除遮栏（围栏），应在拆除遮栏（围栏）后立即进行。 工作结束，应立即恢复遮栏（围栏）原状。

6）测量高压电缆各相电源，电缆头线间距离应大于300mm，且绝缘良好、测量方便。 当有一相接地时，禁止测量。

7）使用钳形电流表测量低压线路和配电变压器低压侧电流，应注意不触及其他带电部位，以防相间短路。

◇ 使用绝缘电阻表测量绝缘电阻的工作：

1）测量绝缘电阻时，应断开被测设备所有可能来电的电源，验明无电压，确认设备无人工作后，方可进行。 测量中禁止他人接近被测设备。 测量绝缘电阻前后，应将被测设备对地放电。

2）测量用的导线应使用相应电压等级的绝缘导线，其端部应有绝缘套。

3）带电设备附近测量绝缘电阻，测量人员和绝缘电阻表安放的位置应与设备的带电部分保持安全距离。 移动引线时，应加强监护，防止人员触电。

4）测量线路绝缘电阻时，应在取得许可并通知对侧后进行。 在有感应电压的线路上测量绝缘电阻时，应将相关线路停电，方可进行。

◇ 核相工作：

1）核相工作应填用配电第二种工作票或操作票。

2）高压侧核相应使用相应电压等级的核相器，并逐相进行。

3）高压侧核相宜采用无线核相器。

4）二次侧核相时，应防止二次侧短路或接地。

◇ 测量带电线路导线对地面、建筑物、树木的距离以及导线与导线的交叉跨越距离时，禁止使用普通绳索、线尺等非绝缘工具。

◇ 测量杆塔、配电变压器和避雷器的接地电阻，若线路和设备带电，解开或恢复杆塔、配电变压器和避雷器的接地引线时，应戴绝缘手套。 禁止直接接触与地断开的接地线。

◇ 系统有接地故障时，不得测量接地电阻。

◇ 测量用的仪器、仪表应保存在干燥的室内。

第十三章
分布式电源

1. 一般要求

◇ 接入高压配电网的分布式电源，并网点应安装易操作、可闭锁、具有明显断开点、可开断故障电流的开断设备，电网侧应能接地。

◇ 接入低压配电网的分布式电源，并网点应安装易操作、具有明显开断指示、具备开断故障电流能力的开断设备（见图 13-1）。

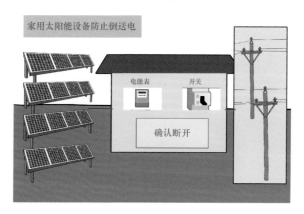

图 13-1　分布式电源示意图

◇ 接入高压配电网的分布式电源用户进线开关、并网点开断设备应有名称并报电网管理单位备案。

◇ 有分布式电源接入的电网管理单位应及时掌握分布式电源接入情况，并在系统接线图上标注完整。

◇ 装设于配电变压器低压母线处的反弧岛装置与低压总开关、母线联络开关间应具备操作闭锁功能。

2. 并网管理

◇ 电网调度控制中心应掌握接入高压配电网的分布式电源并网点开断设备的状态。

◇ 直接接入高压配电网的分布式电源的启停应执行电网调度控制中心的指令。

◇ 分布式电源并网前，电网管理单位应对并网点设备验收合格，并通过协议与用户明确双方安全责任和义务。并网协议中至少应明确以下内容：

1）并网点开断设备（属于用户）操作方式。

2）检修时的安全措施。双方应相互配合做好电网停电检修的隔离、接地、加锁或悬挂示牌等安全措施，并明确并网点安全隔离方案。

3）由电网管理单位断开的并网点开断设备，仍应由电网管理单位恢复。

◇ 分布式电源并网示意图见图 13-2。

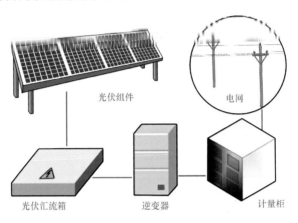

光伏组件　　　　　　电网

光伏汇流箱　　　逆变器　　　计量柜

图 13-2　分布式电源并网示意图

3. 运维和操作

◇ 分布式电源项目验收单位在项目并网验收后，应将工程有关技术资料和接线图提交电网管理单位，及时更新系统接线图。

◇ 电网管理单位应掌握、分析分布式电源接入配变台状况，确保接入设备满足有关技术标准。

◇ 进行分布式电源相关设备操作的人员应有与现场设备和运行方式相符的系统接线图，现场设备应具有明显操作指示，便于操作及检查确认。

4. 检修工作

◇ 在分布式电源并网点和公共连接点之间的作业，必要时应组织现场勘察。

◇ 在有分布式电源接入的相关设备上工作，应按规定填用工作票。

◇ 在有分布式电源接入电网的高压配电线路、设备上停电工作，应断开分布式电源并网点的断路器（开关）、隔离开关（刀闸）或熔断器，并在电网侧接地。

◇ 在有分布式电源接入的低压配电网上工作，宜采取带电工作方式。

◇ 若在有分布式电源接入的低压配电网上停电工作，至少应采取以下措施之一防止反送电：

　　1）接地。

　　2）绝缘遮蔽。

　　3）在断开点加锁、悬挂标示牌。

◇ 电网管理单位停电检修，应明确告知分布式电源用户停送电时间。 由电网管理单位操作的设备，应告知分布式电源用户。 以空气开关等无明显断开点的设备作为停电隔离点时应采取加锁、悬挂标示牌等措施防止误送电（见图 13-3）。

图 13-3　检修工作示意图

第十四章

二次系统工作

1. 一般要求

◇ 工作人员在现场工作过程中，凡遇到异常情况（如直流系统接地等）或断路器（开关）跳闸时，不论是否与本工作有关，都应立即停止工作，保持现状，待查明原因，确认与本工作无关时方可继续工作；若异常情况或断路器（开关）跳闸是本工作所引起，应保留现场并立即通知运维人员。

◇ 继电保护装置、配电自动化装置、安全自动装置和仪表、自动化监控系统的二次回路变动时，应及时更改图纸，并按经审批后的图纸进行，工作前应隔离无用的接线，防止误拆产生寄生回路。

◇ 二次设备箱体应可靠接地且接地电阻应满足要求（见图14-1）。

图 14-1 二次系统工作要求示意图

2. 电流互感器和电压互感器工作

◇ 电流互感器和电压互感器的二次绕组应有一点且仅有一点永久性的、可靠的保护接地。 工作中，禁止将回路的永久接地点断开。

◇ 在带电的电流互感器二次回路上工作，应采取措施防止电流互感器二次侧开路。 短路电流互感器二次绕组，应使用短路片或短路线，禁止用导线缠绕。

◇ 在带电的电压互感器二次回路上工作，应采取措施防止电压互感器二次侧短路或接地。 接临时负载，应装设专用的刀闸和熔断器。

◇ 二次回路通电或耐压试验前，应通知运维人员和其他有关人员，并派专人到现场看守，检查二次回路及一次设备上确无人工作后，方可加压。

◇ 电压互感器的二次回路通电试验时，应将二次回路断开，并取下电压互感器高压熔断器或拉开电压互感器一次刀闸，防止由二次侧向一次侧反送电。

3. 现场检修

◇现场工作开始前，应检查确认已做的安全措施符合要求、运行设备和检修设备之间的隔离措施正确完成。工作时，应仔细核对检修设备名称，严防走错位置。

◇在全部或部分带电运行屏（柜）上工作，应将检修设备与运行设备以明显的标志隔开。

◇作业人员在接触运用中的二次设备箱体前，应用低压验电器或测电笔确认其确无电压（见图 14-2）。

图 14-2 现场检修示意图

◇工作中，需临时停用有关保护装置、配电自动化装置、安全自动装置或自动化监控系统时，应向调控中心申请，经值班调控人员或运维人员同意，方可执行。

◇在继电保护、配电自动化装置、安全自动装置和仪表及自动化监控系统屏间的通道上安放试验设备时，不能阻塞通道，要与运行设备保持一定距离，防止事故处理时通道不畅。搬运试验设备时应防止误碰运行设备，造成相关运行设备继电保护误动。清扫运行中的二次设备和二次回路时，应使用绝缘工具，并采取措施防止振动、误碰。

4. 整组试验

◇继电保护、配电自动化装置、安全自动装置及自动化监控系统做传动试验或一次通电或进行直流系统功能试验前，应通知运维人员和有关人员，并指派专人到现场监视后，方可进行。

   ◇检验继电保护、配电自动化装置、安全自动装置和仪表、自动化监控系统和仪表的工作人员，不得操作运行中的设备、信号系统、保护压板。在取得运维人员许可并在检修工作盘两侧开关把手上采取防误操作措施后，方可断、合检修断路器（开关）。

第十五章
施工作业要求

1. 坑洞开挖

◇挖坑前，应与有关地下管道、电缆等设施的主管单位取得联系，明确地下设施的确切位置，做好防护措施。

◇挖坑时，应及时清除坑口附近浮土、石块，路面铺设材料和泥土应分别堆置，在堆置物堆起的斜坡上不得放置工具、材料等器物（见图 15-1）。

图 15-1 土石方开挖前准备工作示意图

◇在超过 1.5m 深的基坑内作业时，向坑外抛掷土石应防止土石回落坑内，并做好防止土层塌方的临边防护措施。

◇在土质松软处挖坑，应有防止塌方措施，如加挡板、撑木等。不得站在挡板、撑木上传递土石或放置传土工具。禁止由下部掏挖土层（见图 15-2）。

图 15-2 挡板使用要求示意图

◇ 在下水道、煤气管线、潮湿地、垃圾堆或有腐质物等附近挖坑时，应设监护人。在挖深超过2m的坑内工作时，应采取安全措施，如戴防毒面具、向坑中送风和持续检测等。监护人应密切注意挖坑人员，防止煤气、硫化氢等有毒气体中毒及沼气等可燃气体爆炸。

◇ 在居民区及交通道路附近开挖的基坑，应设坑盖或可靠遮栏，加挂警告标示牌，夜间挂红灯（见图15-3）。

图 15-3　掘路施工护栏及警示措施示意图

◇ 塔脚检查，在不影响铁塔稳定的情况下，可以在对角线的两个塔脚同时挖坑。

◇ 杆塔基础附近开挖时，应随时检查杆塔稳定性。若开挖影响杆塔的稳定性时，应在开挖的反方向加装临时拉线，开挖基坑未回填时禁止拆除临时拉线。

◇ 变压器台架的木杆打帮桩时，相邻两杆不得同时挖坑。承力杆打帮桩挖坑时，应采取防止倒杆的措施。使用铁钎时，应注意上方导线。

2. 杆塔施工

◇ 登杆塔前，应做好以下工作：

1）核对线路名称和杆号。

2）检查杆根、基础和拉线是否牢固。

3）检查杆塔上是否有影响攀登的附属物。

4）遇有冲刷、起土、上拔或导地线、拉线松动的杆塔，应先培土加固、打好临时拉线或支好架杆。

5）检查登高工具、设施（如脚扣、升降板、安全带、梯子和脚钉、爬梯、防坠装置等）是否完整牢靠。

6）攀登有覆冰、积雪、积霜、雨水的杆塔时，应采取防滑措施。

7）攀登过程中应检查横向裂纹和金具锈蚀情况。

◇ 登杆塔前应做准备工作示意图见图15-4。

检查线路名称和杆号

检查基础是否牢固

检查是否有影响攀登的附属物、检查登高工具、松软土质培土加固检查临时拉线或支好架杆等

图 15-4　登杆塔前应做准备工作示意图

◇ 立、撤杆应设专人统一指挥。开工前，应交待施工方法、指挥信号和安全措施。

◇ 居民区和交通道路附近立、撤杆，应设警戒范围或警告标志，并派人看守。

◇ 立、撤杆塔时，禁止基坑内有人。除指挥人及指定人员外，其他人员应在杆塔高度的 1.2 倍距离以外（见图 15-5）。

基坑内禁止有人工作

≥1.2倍

图 15-5　立、撤杆塔时作业人员站位示意图

◇顶杆及叉杆只能用于竖立 8m 以下的拔梢杆，不得用铁锹、木桩等代用（见图 15-6）。

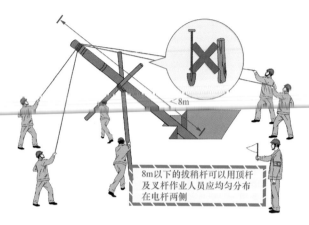

图 15-6　顶杆及叉杆的使用示意图

◇立杆前，应开好"马道"；作业人员应均匀分布在电杆两侧。

◇立杆及修整杆坑，应采用拉绳、叉杆等控制杆身倾斜、滚动。

◇使用临时拉线的安全要求：

　　1）不得利用树木或外露岩石作受力桩。

　　2）一个锚桩上的临时拉线不得超过两根。

　　3）临时拉线不得固定在有可能移动或其他不可靠的物体上。

　　4）临时拉线绑扎工作应由有经验的人员担任。

　　5）临时拉线应在永久拉线全部安装完毕承力后方可拆除。

　　6）杆塔施工过程需要采用临时拉线过夜时，应对临时拉线采取加固和防盗措施。

◇利用已有杆塔立、撤杆，应检查杆塔根部及拉线和杆塔的强度，必要时应增设临时拉线或采取其他补强措施（见图 15-7）。

◇使用吊车立、撤杆塔，钢丝绳套应挂在电杆的适当位置以防止电杆突然倾倒。撤杆时，应先检查有无卡盘或障碍物并试拔（见图 15-8）。

◇使用倒落式抱杆立、撤杆，主牵引绳、尾绳、杆塔中心及抱杆顶应在一条直线上，抱杆下端部应固定牢固，抱杆顶部应设临时拉线，并由有经验的人员均匀调节控制。抱杆应受力均匀，两侧缆风绳应拉好，不得左右倾斜。

◇使用固定式抱杆立、撤杆，抱杆基础应平整坚实，缆风绳应分布合理、受力均匀。

◇整体立、撤杆塔前，应全面检查各受力、联结部位情况，全部满足要求方可起吊。

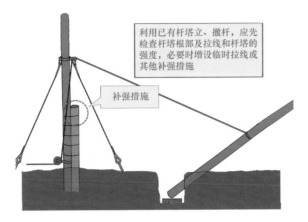

利用已有杆塔立、撤杆，应先检查杆塔根部及拉线和杆塔的强度，必要时增设临时拉线或其他补强措施

补强措施

图 15-7　利用已有杆塔立、撤杆补强措施示意图

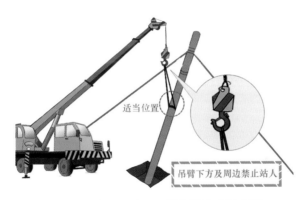

适当位置

吊臂下方及周边禁止站人

图 15-8　使用吊车立、撤杆塔作业示意图

◇ 在带电线路、设备附近立、撤杆塔，杆塔、拉线、临时拉线、起重设备、起重绳索应与带电线路、设备保持表 15-1 所规定的安全距离，且应有防止立、撤杆过程中拉线跳动和杆塔倾斜接近带电导线的措施。

表 15-1　　　　　　　　与架空输电线及其他带电体的最小安全距离

电压(kV)	<1	10、20	35、66	110	220	330	500
最小安全距离(m)	1.5	2.0	4.0	5.0	6.0	7.0	8.5

◇ 已经立起的杆塔，回填夯实后方可撤去拉绳及叉杆(见图 15-9)。

◇ 杆塔检修（施工）应注意以下安全事项：

1）不得随意拆除未采取补强措施的受力构件。

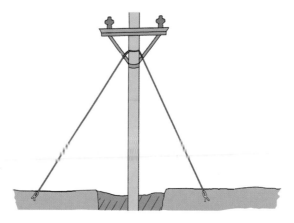

图 15-9　杆塔临时拉线加固示意图

2）调整杆塔倾斜、弯曲、拉线受力不均时，应根据需要设置临时拉线及其调节范围，并应有专人统一指挥。

3）杆塔上有人时，禁止调整或拆除拉线。

3. 放线、紧线和撤线

◆ 放线、紧线与撤线工作均应有专人指挥、统一信号，并做到通信畅通、加强监护(见图 15-10)。

电池充足电，配备必要备用电源通信联络点，不得缺岗

图 15-10　放线时通信联络示意图

◆交叉跨越各种线路、铁路、公路、河流等地方放线、撤线，应先取得有关主管部门同意，做好跨越架搭设、封航、封路、在路口设专人持信号旗看守等安全措施（见图15-11）。

图 15-11　放线作业区域保障措施示意图

◆工作前应检查确认放线、紧线与撤线工具及设备符合要求（见图15-12）。

图 15-12　工器具检查示意图

◆放线、紧线前，应检查确认导线无障碍物挂住，导线与牵引绳的连接应可靠，线盘架应稳固可靠、转动灵活、制动可靠（见图15-13）。

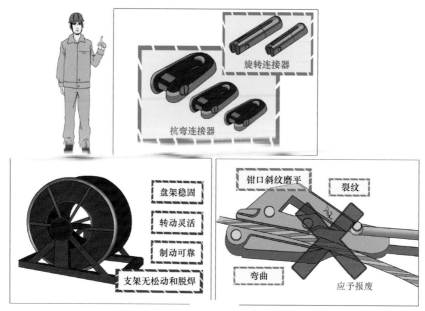

图 15-13　工器具使用要求示意图

◇ 紧线、撤线前，应检查拉线、桩锚及杆塔。 必要时，应加固桩锚或增设临时拉线。 拆除杆上导线前，应检查杆根，做好防止倒杆措施，在挖坑前应先绑好拉绳。

◇ 放线、紧线时，遇接线管或接线头过滑轮、横担、树枝、房屋等处有卡、挂现象，应松线后处理。 处理时操作人员应站在卡线处外侧，采用工具、大绳等撬、拉导线。 禁止用手直接拉、推导线。

◇ 放线、紧线与撤线时，作业人员不应站在或跨在已受力的牵引绳、导线的内角侧，展放的导线圈内以及牵引绳或架空线的垂直下方（见图 15-14）。

图 15-14　导线升空和撤线作业时施工人员不合理站位示意图

◇ 放、撤导线应有人监护，注意与高压导线的安全距离，并采取措施防止与低压带电线路接触。

◇ 禁止采用突然剪断导线的做法松线。

◇ 采用以旧线带新线的方式施工，应检查确认旧导线完好牢固；若放线通道中有带电线路和带电设备，应与之保持安全距离，无法保证安全距离时应采取搭设跨越架等措施或停电。

◇ 牵引过程中应安排专人跟踪新旧导线连接点，发现问题立即通知停止牵引。

◇ 在交通道口采取无跨越架施工时，应采取措施防止车辆挂碰施工线路。

4. 高压架空绝缘导线工作

◇ 架空绝缘导线不得视为绝缘设备，作业人员或非绝缘工器具、材料不得直接接触或接近。架空绝缘导线与裸导线线路的作业安全要求相同。

◇ 禁止作业人员穿越未停电接地或未采取隔离措施的绝缘导线进行工作。

◇ 在停电检修作业中，开断或接入绝缘导线前，应做好防感应电的安全措施。

5. 邻近带电导线的工作

◇ 在带电杆塔上进行测量、防腐、巡视检查、紧杆塔螺栓、清除杆塔上异物等工作，作业人员活动范围及其所携带的工具、材料等与带电导线最小距离不得小于表 3-1 的规定。若不能保持表 3-1 要求的距离时，应按照带电作业或停电进行。

◇ 工作中，应使用绝缘无极绳索，风力应小于 5 级，并设人监护。

◇ 若停电检修的线路与另一回带电线路交叉或接近，并导致工作时人员和工器具可能和另一回线路接触或接近至表 5-1 安全距离以内，则另一回线路也应停电并接地。若交叉或邻近的线路无法停电时，应遵守下列规定。工作中应采取防止损伤另一回线路的措施。

◇ 邻近带电线路工作时，人体、导线、施工机具等与带电线路的距离应满足表 5-1 规定，作业的导线应在工作地点接地，绞车等牵引工具应接地。

◇ 在带电线路下方进行交叉跨越档内松紧、降低或架设导线的检修及施工，应采取防止导线跳动或过牵引与带电线路接近至表 5-1 规定的安全距离的措施（见图 15-15）。

◇ 停电检修的线路若在另一回线路的上面，而又必须在该线路不停电情况下进行放松或架设导线、更换绝缘子等工作时，应采取作业人员充分讨论后经批准执行的

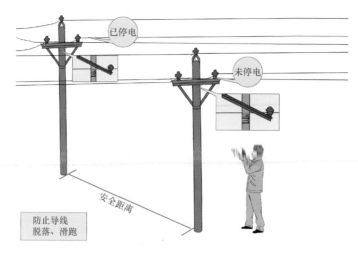

图 15-15　邻近带电导线作业注意安全事项示意图

安全措施。 措施应能保证：

　　1）检修线路的导、地线牵引绳索等与带电线路的导线应保持表 5-1 规定的安全距离。

　　2）要有防止导、地线脱落、滑跑的后备保护措施。

　　◇ 与带电线路平行、邻近或交叉跨越的线路停电检修，应采取以下措施防止误登杆塔：

　　1）每基杆塔上都应有线路名称、杆号。

　　2）经核对停电检修线路的名称、杆号无误，验明线路确已停电并挂好地线后，工作负责人方可宣布开始工作。

　　3）在该段线路上工作，作业人员登杆塔前应核对停电检修线路的名称、杆号无误，并设专人监护，方可攀登。

6. 同杆（塔）架设多回线路中部分线路停电的工作

　　◇ 工作票中应填写多回线路中每回线路的双重称号（即线路名称和位置称号）。

　　◇ 工作负责人在接受许可开始工作的命令前，应与工作许可人核对停电线路双重称号无误。

　　◇ 禁止在有同杆（塔）架设的 10（20）kV 及以下线路带电情况下，进行另一回线路的停电施工作业。

　　◇ 在同杆（塔）架设的 10（20）kV 及以下线路带电情况下，当满足表 5-1 规定的安全距离且采取可靠防止人身安全措施的情况下，方可进行下层线路的登杆停电检修工作。

◇ 为防止误登有电线路，应采取以下措施：

1）每基杆塔应设识别标记（色标、判别标识等）和线路名称、杆号。

2）工作前应发给作业人员相对应线路的识别标记。

3）经核对停电检修线路的识别标记和线路名称、杆号无误，验明线路确已停电并挂好接地线后，工作负责人方可宣布开始工作。

4）作业人员登杆塔前应核对停电检修线路的识别标记和线路名称、杆号无误后，方可攀登。

5）登杆塔和在杆塔上工作时，每基杆塔都应设专人监护。

◇ 防止误登有电线路操作示意图见图 15-16。

图 15-16 防止误登有电线路的措施示意图

◇ 在带电导线附近使用绑线时，应在下面绕成小盘再带上杆塔。禁止在杆塔上卷绕或放开绑线。